U0665556

第一次学做拼布包袋

周秀惠 著

辽宁科学技术出版社

沈 阳

周秀惠

1999 年	开始接触拼布
2001 年	中国台湾喜佳才艺创作比赛壁饰类第二名
	中国台湾喜佳才艺创作比赛提袋类第一名
2002 年	日本名古屋世界拼布嘉年华展出作品
2004 年	中国台湾喜佳第一届专业机缝师资班
	中国台湾英业达股份有限公司台北厂　拼布指导老师
	中国台湾英业达股份有限公司大溪厂　拼布指导老师
	中国台湾台北市议员陈政忠社子服务处　拼布指导老师
2005 年	日本通信社第7届讲师班（光乔系统）毕业
	周秀惠拼布教室成立
	日本横滨第13回创作比赛入赏（风中奇缘提袋）
	日本横滨第13回创作比赛入选（秋之恋提袋）
2006 年	2006年4月3日接受日本Cotton time 专刊记者采访
	日本横滨第14回创作比赛入赏（钻石提袋）
	日本横滨第14回创作比赛入选（百花提袋）

作者简介

目 录

contents

※附实物大纸型

第一章
chapter 1
工具&针法介绍

工具

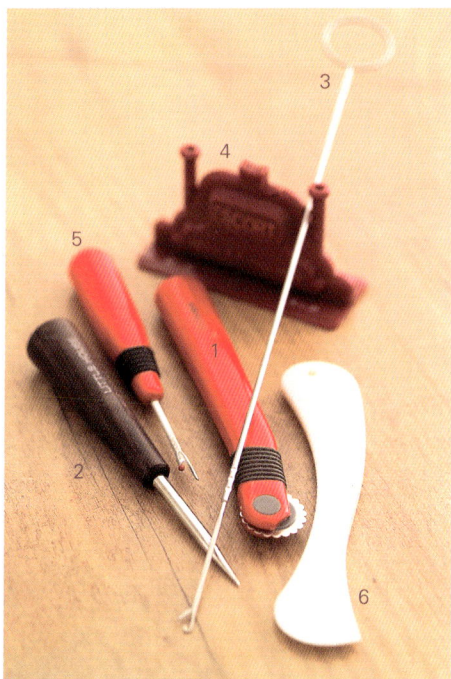

7. 布剪：选择较好和轻一点的布剪
8. 纸剪：准备一把专门剪纸的剪刀，不要
   和布剪、线剪混用
9. 线剪：比布剪更小，方便剪一般的线头

- 点线器：方便在布的表面做出记号
- 锥子：方便将布的直角挑出漂亮的角度
- 返里针：能将布条轻易地翻到正面
- 穿线器：针的洞口大小无法穿过线，可使用穿线器，即可轻易地穿过
- 拆线器：能轻易地将线拆掉
- 骨笔：可在布上刻画出线的痕迹，方便做贴布缝

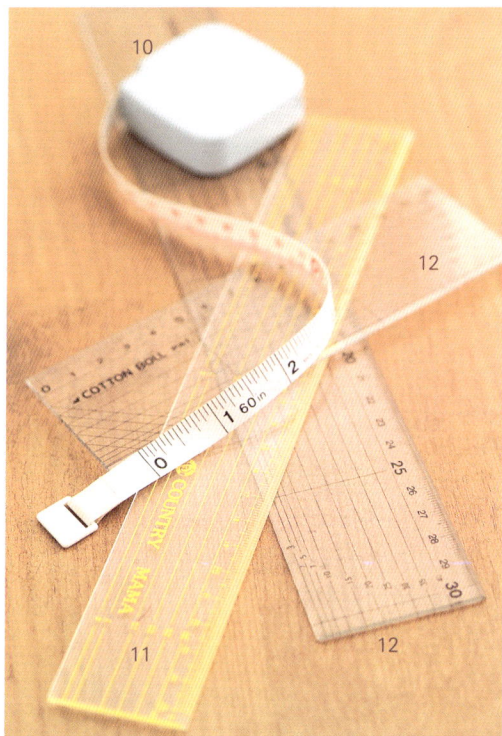

13. 消失笔：方便在布上做记号，喷水即可消失
14. 粉土笔：依据不同布的颜色，选择不同的粉土笔运用到布的上面做记号
15. 布用蜡笔：在布的正面涂上颜色，再用熨斗定色

10. 皮尺：长度为150cm，补足一般直尺、定规尺不够用的刻度
11. 直尺：能精确地画出尺寸的大小
12. 定规尺：能精确地画出尺寸，一般定规尺都附有角度的标示

5

布用复写纸：方便将图形复制到布的表面上

三用板：一边为沙板，能防止布的滑动，方便画上记号；另一边为烫布用；另一面可当做切割板

胚布：三合一压线时将表布+铺棉+胚布，压线时白色的棉絮不易被拉出

绣花框：在布的上面绣上图案，要用绣花框才能将布拉平，作品才能做得更完美

TOOLS
工 具

超薄磁扣：比一般的磁扣更薄，能将作品呈现得更美

滚边器：市面上的滚边器有蓝、黄、绿、红……各种不同的滚边器，可选择所需的滚边器作不同的用途，一般最常用的为红色

拉链：长10~60cm，依作品的需要选择不同的拉链

↑铺棉：市面上的铺棉可分为有胶和无胶两种
↓纸衬：方便画纸形和图形

工具

16. 绢线：比一般的绣线更有亮度
17. 贴布缝线：比一般的接合线更细，依表布颜色不同，选择所需的贴布缝线
18. 梅花线(压缝线)：比一般的接合线粗，坚韧性好
19. 绣线：一般绣线内有6股，依作品的需求来决定股线
20. 疏缝线：只是暂时固定，压好线后，非常容易拆除
21. 缝合线：一般的线，不会太粗也不会太细，用于布与布的接合
22. 段染刺子线：比一般的绣线更粗，线更结实，更能表现出立体感
23. 8号绣线：比一般的绣线粗一些

24. 珠针：用来固定布与布或布与棉，使用时珠针需和缝针缝制方向垂直
    缝合针：用于一般布与布的接合
    贴布缝针：比一般的缝合针更细
25. 刺绣针：比一般的缝合针更粗，洞口较大，方便穿绣线和缎带
26. 压线针：比缝合针粗一点，方便于三合一压线

先染布

提把：依不同的作品选择不同的提把

造型拉链头：使拉链更有造型

造型木扣：使作品更有造型

拼布的针法

以下介绍拼布较常使用的针法，正确的针法将有助于作品顺利完成，也能使作品款款动人哦！

平针缝

回针缝

卷针缝

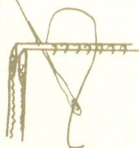

对针缝

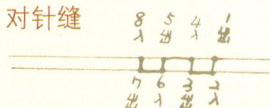

藏针缝

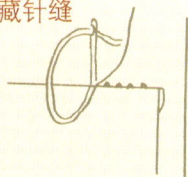

滚边的做法

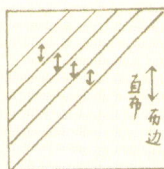

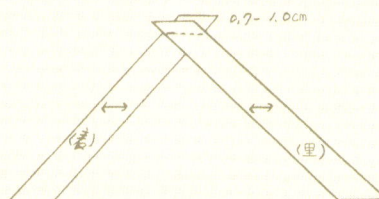

刺绣的针法

刺绣针法多使用在较具变化的花样，
在做作品之前，可用废布反复练习熟练后，再将作品绣在布上，以增加作品的成功率。

十字绣

缎面绣

小草绣

V字绣

千鸟绣

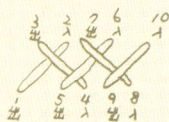

羽毛绣

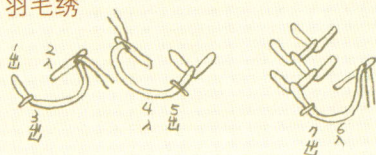

颗粒绣

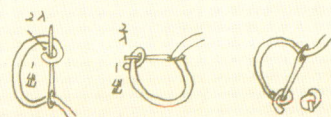

毛毯边绣

轮廓绣

雏菊绣

10

第二章
chapter 2
拼布花园作品欣赏

↑ **巧巧小提袋** 完成尺寸: 约24cm × 17cm × 18cm ● 做法详见p50
→ **甜蜜侧背包** 完成尺寸: 约29cm × 8cm × 29cm ● 做法详见p44

巴比伦提袋 完成尺寸：约31.5cm × 10cm × 28.5cm ● 做法详见p27

时尚提袋 完成尺寸：约26cm × 8cm × 20cm ● 做法详见p34

时尚帽子 完成尺寸：约35cm × 35cm × 10cm ● 做法详见p35

立体花提袋 完成尺寸：约27cm × 8.5cm × 18cm ● 做法详见p30

立体花钥匙圈 完成尺寸：约9cm × 7cm ● 做法详见p31

百花提袋 完成尺寸：约26cm × 8cm × 28cm ● 做法详见p38

百花化妆包 完成尺寸：约10cm × 4cm × 15cm ● 做法详见p41

中国风提袋 完成尺寸：约20cm × 8cm × 27cm ● 做法详见p46

牵牛花提袋 完成尺寸：约29cm × 9.5cm × 21cm ● 做法详见p48

菱形轻便袋 完成尺寸：约23cm × 7cm × 23cm ● 做法详见p54

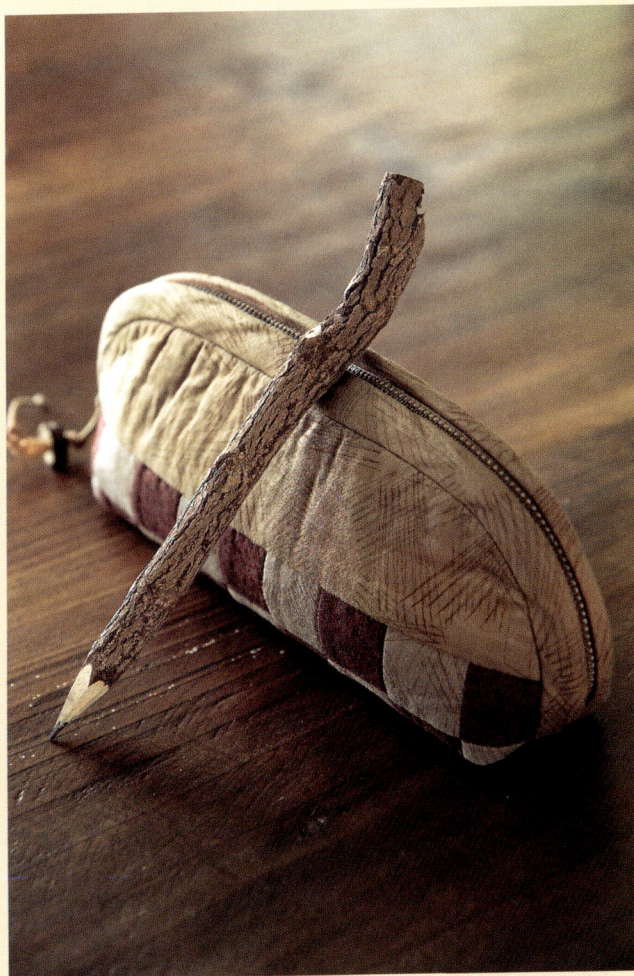

实用铅笔盒 完成尺寸: 约21.5cm × 4cm × 21.5cm ● 做法详见p51

百宝袋 完成尺寸：约6.5cm × 6.5cm × 5.5cm ● 做法详见p43

↑**小木屋流行提袋** 完成尺寸：约28cm × 7cm × 35cm ● 做法详见p52

秋之恋手提袋 完成尺寸：约22cm × 18cm × 22cm ● 做法详见p56

秋之恋手机袋 完成尺寸：约9cm × 1cm × 15cm ● 做法详见p58

荷兰风提袋 完成尺寸：约44cm × 9cm × 27cm ● 做法详见p60
荷兰风钱夹 完成尺寸：约20cm × 24cm ● 做法详见p63

第三章

chapter 3

手做步骤示范

巴比伦提袋

材料

先染布　50cm
提把　1组
配色布　前片C部分4色各15cm × 15cm
　　　　后片一般棉布适量
绣线　适量
铺棉　45cm × 90cm
内里　70cm
PE板　9cm × 30.5cm
拉链　18cm(内里口袋用)
提把　1组

袋身背面图

制作顺序

1　先单独做好C1、C2、C3，接着组合C1+C2+C3，再组合A+B+(C1+C2+C3)+D+E，完成前片，三合一压线(铺棉实际尺寸，表布和胚布需外加缝份)。

2　完成后片贴布缝，绣上绣线，三合一压线(铺棉实际尺寸，表布和胚布需外加缝份)。

3　组合好侧身F+G+H，三合一压线(铺棉实际尺寸，表布和胚布需外加缝份)。

4　设计好内里口袋，前后片内里共2片(如要提袋较挺的话，全部内里背面贴上不加缝份的厚布衬)。

5　前片表布1和前片内里中表相对，车缝四周，留一返口，翻回正面将返口处对针缝合。

6　后片表布2和后片内里中表相对，车缝四周，留一返口，翻回正面将返口处对针缝合。

7　侧身表布3和侧身内里中表相对，车缝四周，留一返口，翻回正面将返口处对针缝合。

8　侧身7中心点与前片5中心点往两边对针缝合，侧身7中心点与后片6中心点往两边对针缝合。

9　袋口四个角入1.5cm处，压线固定。

10　放上提把，中心左右各6cm，将PE板四个角剪成圆弧度放入袋底，即完成。

1 前片表布袋身

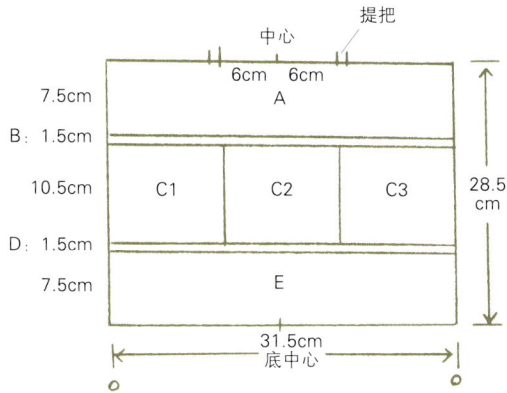

中心　提把
6cm　6cm
7.5cm　A
B：1.5cm
10.5cm　C1　C2　C3
D：1.5cm
7.5cm　E
28.5 cm
31.5cm
底中心

2 后片表布袋身

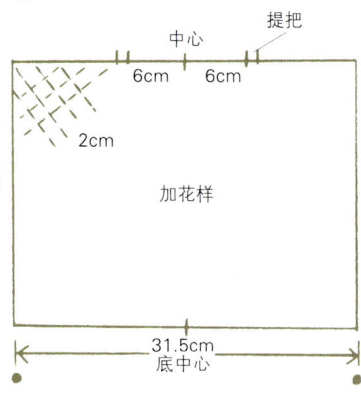

中心　提把
6cm　6cm
2cm
加花样
31.5cm
底中心

3 侧身

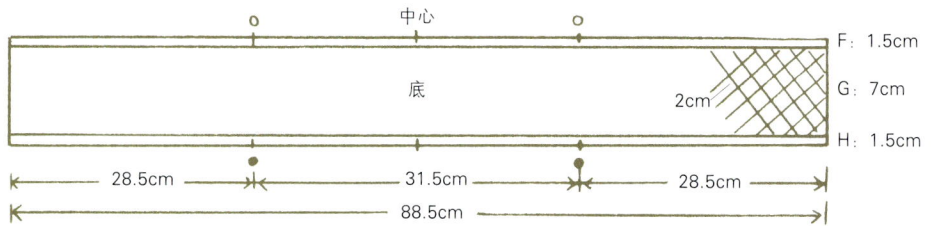

中心
底
2cm
F：1.5cm
G：7cm
H：1.5cm
28.5cm　31.5cm　28.5cm
88.5cm

4 贴布式口袋

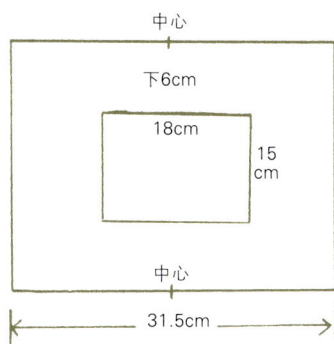

中心
下6cm
18cm
15 cm
中心
28.5 cm
31.5cm

4 拉链式口袋

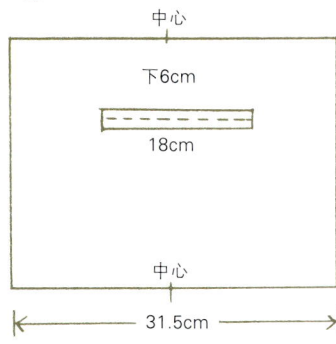

中心
下6cm
18cm
中心
28.5 cm
31.5cm

C部分（巴比伦图形）制作顺序

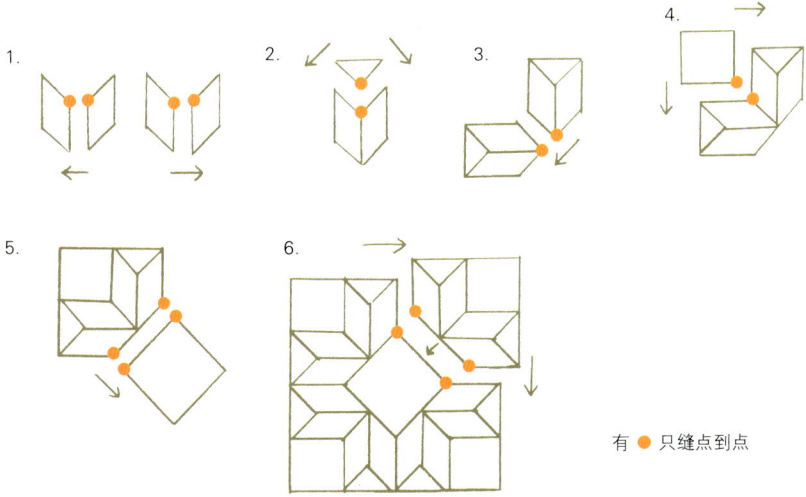

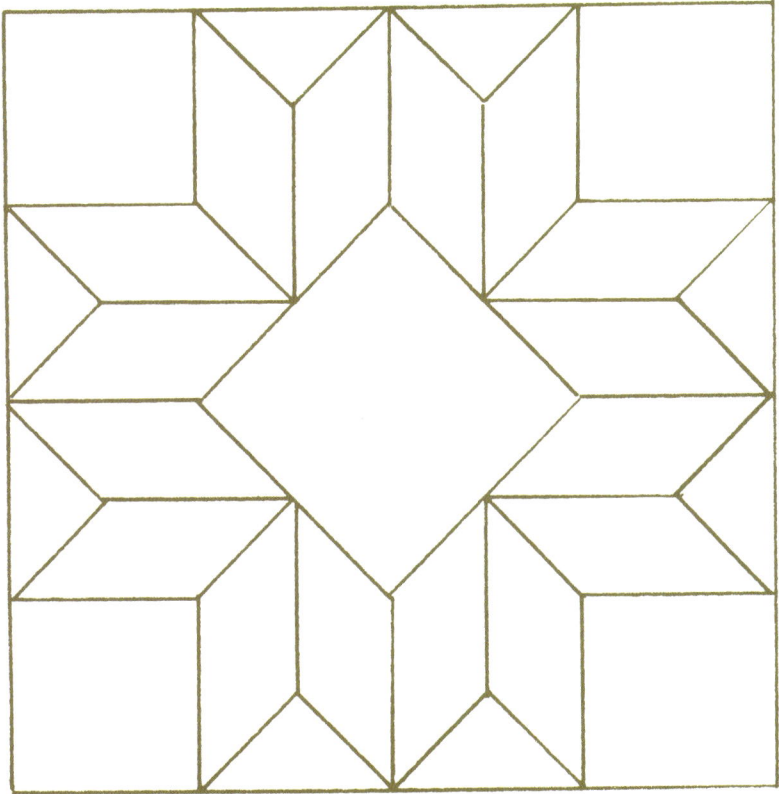

1.

2.

3.

4.

5.

6.

有 ● 只缝点到点

巴比伦提袋C部分纸型

<Note>p16的作品 <Note>实物大纸型A面

立体花提袋

材料
- 素先染布●70cm
- 立体花先染布●适量
- 柠檬星先染布●适量
- 提把表布●6cm × 37cm 2片
- 内里●70cm
- 铺棉●110cm × 45cm
- 胚布●110cm × 45cm
- 纸衬●适量
- 拉链●25cm(前口袋用)
- ●30cm(袋口用)
- 小木扣●1颗

袋身背面图

制作顺序

1. 单独完成前片表布、后片表布、侧身表布，三合一压线。
2. 完成后片A三合一压线，组合6片柠檬星2组，分别贴布缝在指定的位置，取一样大的内里缝上滚边。
3. 单独完成前片内里(口袋设计好)，后片内里(口袋设计好)，侧身内里(记得所有内里尺寸往内缩0.7cm)。
4. 后片A和后片表布固定再与1组合成筒状。
5. 将3放入4。
6. 取2片口袋单边滚边缝上拉链，拉链两旁缝上拉链口布，再完成整个袋口的滚边。
7. 单独完成前片A，三合一压线，车缝袋底，同样尺寸的内里，车缝袋底，中表相对，由袋口处翻回正面，袋口处滚边，滚边两旁收尾。缝上立体花，取一前片B包住拉链的上半部，再缝上拉链的下半部，前片B藏针缝在前片表布记号线上，前片A藏针缝在前片表布记号线上。
8. 固定好提把，即完成。

2 后口袋

5 包袋组合

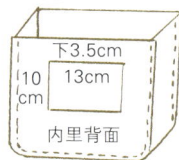

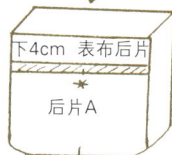

6 拉链口布

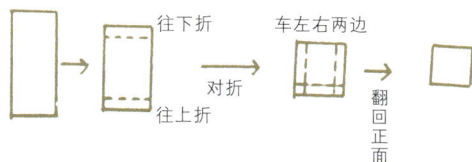

⑦ 包袋完成图

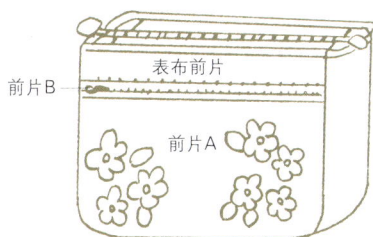

前片B
表布前片
前片A

⑧ 提把做法

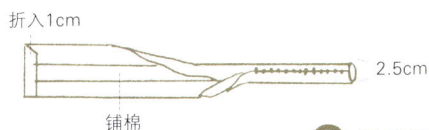

折入1cm
铺棉
2.5cm

⑧ 提把做法

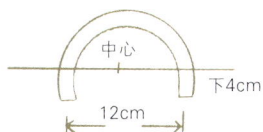

中心
下4cm
12cm

⑦ 前片B

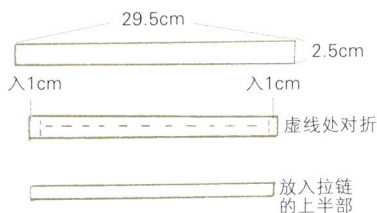

29.5cm
2.5cm
入1cm
入1cm
虚线处对折
放入拉链的上半部

⑦ 花的做法

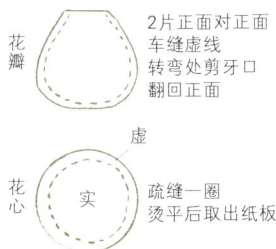

花瓣
2片正面对正面
车缝虚线
转弯处剪牙口
翻回正面

花心
虚
实
疏缝一圈
烫平后取出纸板

叶子
返口
2片正面对正面
车缝四周
由中心处翻回正面

立体花钥匙圈

<Note>p16的作品

立体花钥匙圈
花苞纸型

直径3.5cm

材料 先染布、棉布、绢线 各适量
铺棉、纸衬、棉花 各适量
钥匙圈 1组
棉绳 25cm

④ 花苞做法

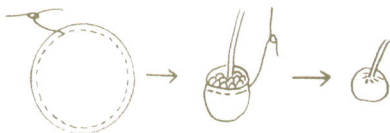

制作顺序

1 用纸衬描好图形烫在先染布的背面，拿布用复写纸将纸型转印到先染布的正面，做好贴布缝，三合一压线(铺棉实际尺寸)完成前片表布，绣上轮廓绣、颗粒绣。取一片内里和前片表布正面对正面，车缝四周，留一返口，翻回正面，返口处对针缝合。

2 用同样1的方法完成后片表布。

3 1和2对针缝合。

4 取一棉绳套好钥匙圈，棉绳两端缝上花苞，再缝上叶子，即完成。

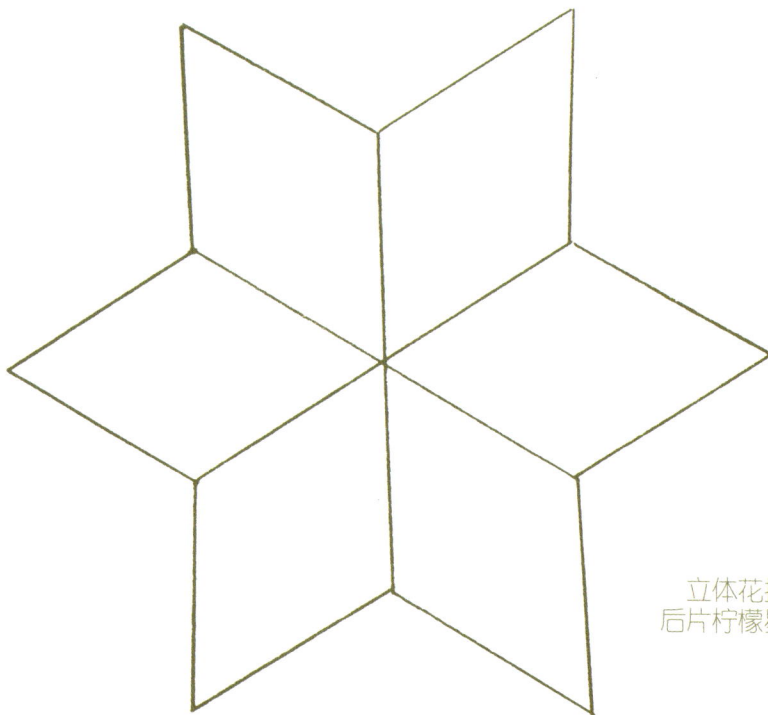

立体花提袋
后片柠檬星纸型

立体花提袋　花瓣纸型
(已含缝份)

立体花提袋　花瓣纸型
(实际尺寸)

立体花提袋　叶子纸型
(实际尺寸)

立体花提袋　花心纸型
(已含缝份)

立体花提袋　花心纸型
(实际尺寸)

颗粒绣

轮廓绣

←————5.5cm————→

立体花钥匙圈 前片表布纸型

←————5.5cm————→

返口

立体花钥匙圈 后片表布纸型

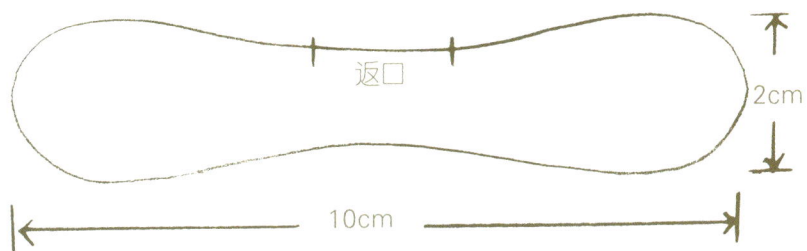

返口

↕2cm

←————10cm————→

立体花钥匙圈 叶子纸型

时尚提袋

材料

袋身表布　22cm × 28cm　2片
上侧身表布　5cm × 38cm　2片
下侧身表布　10cm × 54cm　1片
内里　70cm
铺棉、胚布　各30cm × 100cm
前口袋　16cm × 35cm　1片
袋盖　10cm × 25cm　1片
吊耳(拉链布)　4cm × 6cm　2片
D形环　2个
提把　1组
皮扣　1组
拉链　35 cm
布衬　35cm
包绳布　2.5cm × 90cm　2条
棉绳　90cm　2条
滚边　4.5cm × 40cm　3条(上侧身、袋盖用)
　　　4.5cm × 30cm　1条(前口袋用)
厚布衬　35cm

制作 顺序

1　完成前片袋身表布(内有铺棉（实际尺寸）)、后片袋身表布(内有铺棉（实际尺寸）)，内里裁成与袋身表布一样尺寸，2片(口袋设计好)。

2　完成上侧身2片（内无铺棉），滚好边，缝上拉链；再完成下侧身(内有铺棉（实际尺寸）)。

3　组合上侧身+下侧身(加上吊耳放入D形环)。

4　完成前口袋（只烫厚布衬没有铺棉）加上内里，滚边。

5　完成袋盖（只烫厚布衬没有铺棉）加上内里，滚边。

6　袋盖缝上皮扣，前口袋装上磁扣。

7　4+(前片表布+前片内里)+5，包绳布内放棉绳，固定在前片表布记号线上。

8　后片表布+后片内里，包绳布内放棉绳，固定在前片表布记号线上。

9　3+7+8。

10　所有缝份用内里布做包边处理，缝上提把（中心点左右各6cm），即完成。

1 后片表布

2 侧身

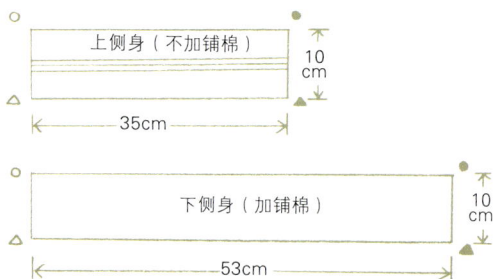

上侧身（不加铺棉）　10cm　35cm

下侧身（加铺棉）　10cm　53cm

❸ 侧身组合   **❸** 吊耳（拉链布）

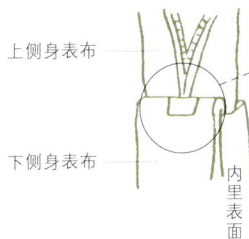

上侧身表布

下侧身表布

内里表面

6cm 4cm 3cm 4cm 3cm 2cm

❼ 前片表布   **❾** 包袋完成图

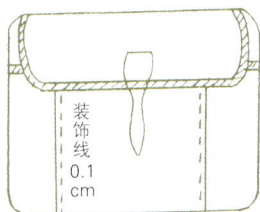

装饰线 0.1cm

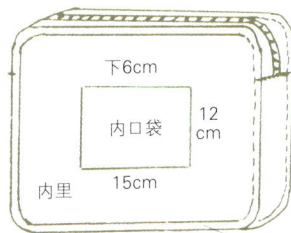

下6cm

内口袋 12cm

内里 15cm

包边处理

时尚帽子

<Note>p15的作品

材料
帽子表布　35cm
内里　35cm
厚布衬　35cm

制作顺序

1 表布烫厚布衬，依纸型裁6片表布帽身，接成一个圆。
2 表布烫厚布衬，依纸型裁1片表布帽顶。
3 1+2完成整个表布帽子，成一个筒状。
4 内里烫厚布衬，依纸型裁6片内里帽身，接成一个圆。
5 内里烫厚布衬，依纸型裁1片内里帽顶。
6 4+5完成整个内里帽子，成一个筒状。
7 3+6 中表相对，车缝一圈，留一返口，翻回正面，返口处对针缝合。
8 沿着帽子四周车缝一圈压线，即完成。

❶❹

表布、内里各6片

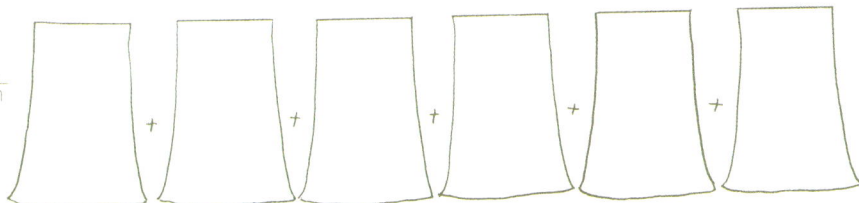

35

❸ 表布组合

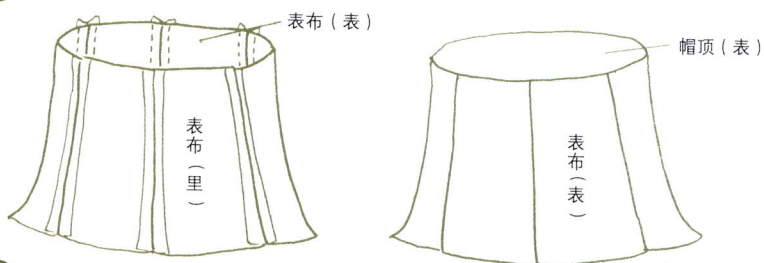

表布（表）

表布（里）

帽顶（表）

表布（表）

套入

❻ 内里组合

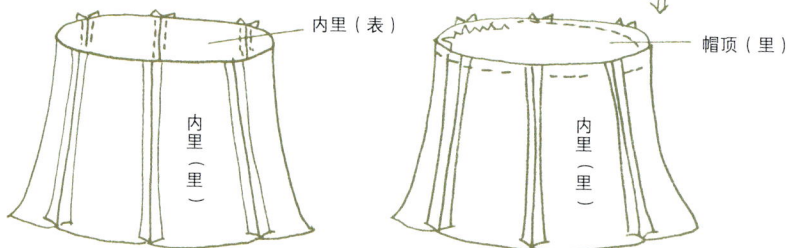

内里（表）

内里（里）

帽顶（里）

内里（里）

时尚帽子 帽顶纸型

7 8 帽子完成图

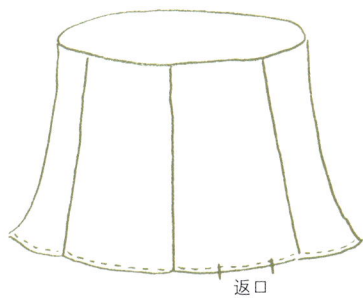

返口

6片

时尚帽子　帽身纸型

百花提袋

材料

袋身先染布 ● 27cm × 29cm　2片
侧身先染布 ● 2.5cm × 12cm　98条
后袋身口袋 ● 15cm × 15cm　1片
后袋身口袋滚边 ● 4cm × 65cm　1片
贴布缝棉布 ● 适量
绣线 ● 适量
吊耳 ● 4cm × 7cm　2片
包绳布 ● 2.5cm × 110cm　2条
提把口布 ● 4.5cm × 4.5cm　4片
上侧身滚边 ● 4cm × 37cm　2片
纸衬、铺棉、胚布 ● 各40cm × 100cm
棉绳 ● 110cm　2条
拉链 ● 35cm　1条
内里 ● 70cm
提把 ● 1组

袋身背面图

制作顺序

1　用纸衬描好前片表布图形烫在前片先染布的背面，拿布用复写纸将纸型转印到先染布的正面，做好贴布缝，三合一压线(铺棉实际尺寸)，绣好线，完成前片表布。取一片内里和前片表布大小一样(口袋设计好)，将前片表布和前片内里固定。

2　完成后片表布三合一压线(铺棉实际尺寸)，取一片内里和后片表布大小一样(口袋设计好)，将后表布和后片内里固定。

3　用纸衬描好后片口袋图形烫在先染布的背面，拿布用复写纸将纸型转印到先染布的正面，做好贴布缝，三合一压线(铺棉实际尺寸)，绣好线，完成后片口袋。四周滚边，将后片口袋藏针缝在后片表布上(只缝U字形处)。

4　在1的记号线上疏缝好包绳布(放入棉绳)。

5　在3的记号线上疏缝好包绳布(放入棉绳)。

6　完成上侧身，滚边缝上拉链。

7　完成下侧身。

8　6+7(放入吊耳)组成一个圆圈。

9　4+8+5(记得放上提把口布4片，放入提把)。

10　所有缝份用内里布包边处理，即完成。

侧身图

①② 内里口袋

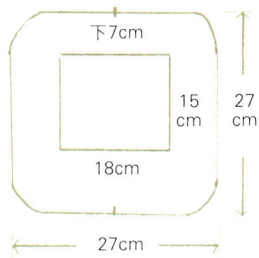

下7cm

15cm

27cm

18cm

27cm

⑦ 下侧身

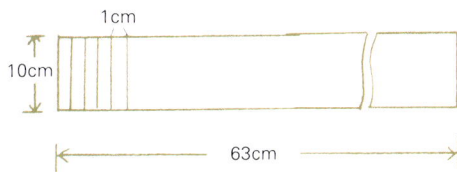

1cm

10cm

63cm

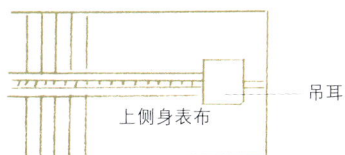

上侧身表布

吊耳

上侧身表布

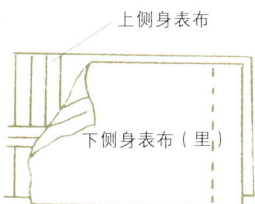

下侧身表布（里）

⑥ 上侧身

1cm

10cm

35cm

上侧身内里表面

回针缝   藏针缝

⑧ 侧身组合

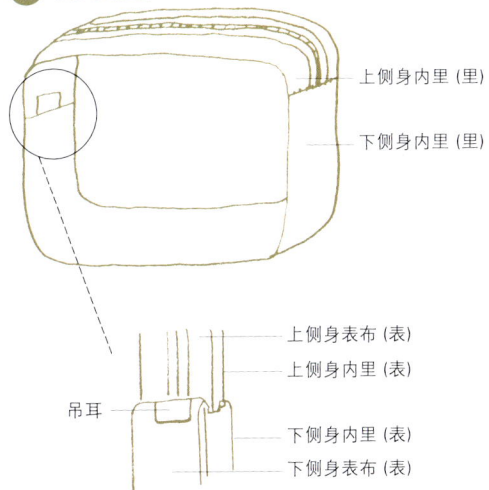

上侧身内里（里）

下侧身内里（里）

上侧身表布（表）

上侧身内里（表）

下侧身内里（表）

下侧身表布（表）

吊耳

⑩ 包袋完成图

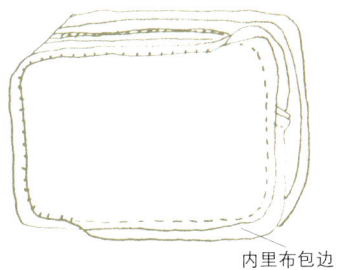

内里布包边

颗粒绣

轮廓绣

百花提袋　后口袋纸型

百花化妆包

<Note>p17的作品

材料

袋身先染布　12.5cm × 18cm　2片
侧身先染布　2.5cm × 6.5cm　38片
袋身口袋先染布　12.5cm × 15cm　2片
拉链　10cm　1条
拉链口布　5cm × 7cm　2片
滚边　4cm × 11cm　4片
贴布缝棉布　适量
绣线　适量
内里　20cm × 110cm
纸衬、铺棉、胚布　各20cm × 110cm

制作顺序

1　完成前片口袋表布，贴布缝，三合一压线，缝好后加一片内里，上面完成滚边。
2　完成前片表布，三合一压线，剪一前片内里。
3　将1固定在前片表布上。
4　取一前片内里和3中表相对，车缝U字形部三面，从返口处翻回正面，上面完成滚边，
　　滚边两旁收尾。
5　后片表布和前片表布一样的方法，完成后片表布。
6　完成侧身表布，裁一内里，中表相对留一返口，翻回正面，返口处对针缝合。
7　4+6接合(由袋底中心往左右两边对针缝合)。
8　5+6接合(由袋底中心往左右两边对针缝合)。
9　缝上拉链，拉链两边缝上拉链口布，即完成。

侧身图

❶ ~ ❹ 前片表布做法

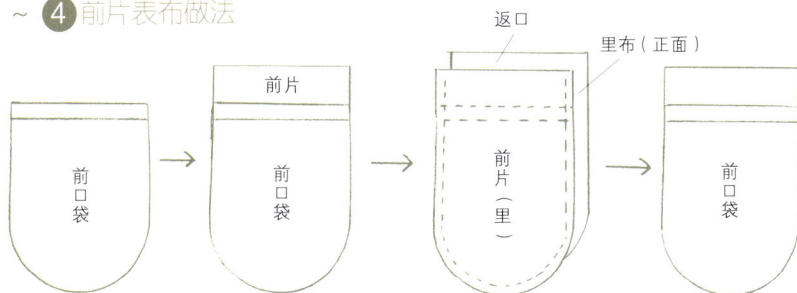

返口
里布（正面）

前口袋　　前片　前口袋　　前片（里）　　前口袋

❻ 侧身表布

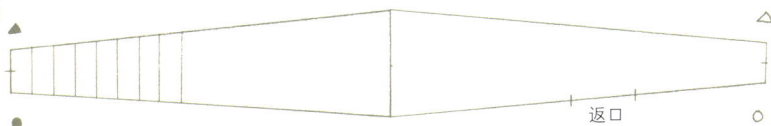

返口

折双

百花化妆包 侧身纸型

百花化妆包 袋身纸型

<Note>p22的作品

百宝袋

材料
A1花布　3.5cm × 8cm　4片
A2素布　21.5cm × 8cm　4片
B花布　17cm × 8cm　4片
内里　22cm × 26cm　2片
厚布衬　35cm
棉绳　60cm　2条
吊饰　2个

制作顺序

※所有的布背面皆须烫上厚布衬

1　A1+A2 组合成一长条A。
2　完成A+B(一线车到底△+△)，再组合A+B四组，车成一个圆。
3　取2片内里，左右车缝(留一返口)，袋底打底左右各6.5cm。
4　2+3中表相对车缝袋口一圈，在袋口下1.5cm处压一道装饰线。
5　左右两边用拆线器拆一个通口，通口处穿棉绳。
6　棉绳两端装入吊饰，即完成。

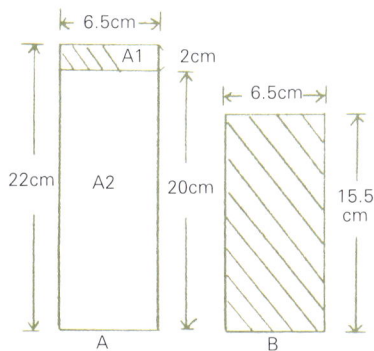

包袋底端

①

② ~ ④ 包袋组合

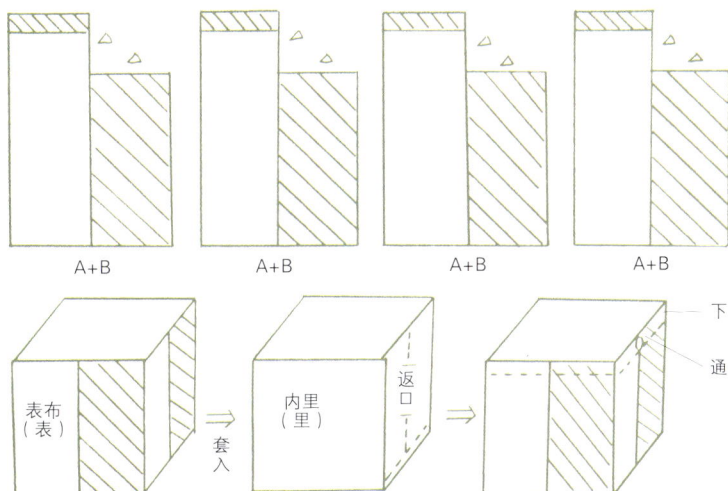

A+B　　A+B　　A+B　　A+B

表布(表)　⇒套入　内里(里)　返口　⇒　下1.5cm压一道线　通口穿棉绳

43

<Note>p13的作品

甜蜜侧背包

材料

前后片袋身　9cm × 36cm　16色
侧身袋身　适量
内里　50cm
滚边　4cm × 70cm
铺棉、胚布　各45cm × 95cm
磁扣　1颗
提把　1组
绢线、绣线　各适量

制作顺序

1　在每一单片(9cm × 9cm)缝上每一个圆
　　(直径5cm)，完成32片。
2　取16片完成前片表布，三合一压线(铺棉
　　实际尺寸)，绣上千鸟缝、颗粒绣。
3　取16片完成后片表布，三合一压线(铺棉
　　实际尺寸)，绣上千鸟缝、颗粒绣。
4　完成侧身疯狂拼布的部分，三合一压线
　　(铺棉实际尺寸)，绣上羽毛绣。
5　2+4+3组合成一个筒状。
6　裁前片内里一片(缝份往内缩0.7cm)，将
　　口袋设计好。
7　裁后片内里一片(缝
　　份往内缩0.7cm)，
　　将口袋设计好。
8　裁侧身内里一片(缝
　　份往内缩0.7cm)。
9　6+8+7组合成一个筒
　　状。
10　将9放入5，上面滚
　　边，缝上提把，内里
　　袋口处缝上磁扣，即
　　完成。

※侧身可随个人喜好，
随意画出侧身疯狂拼布。

侧身袋物

❷❸ 前、后片表布袋身

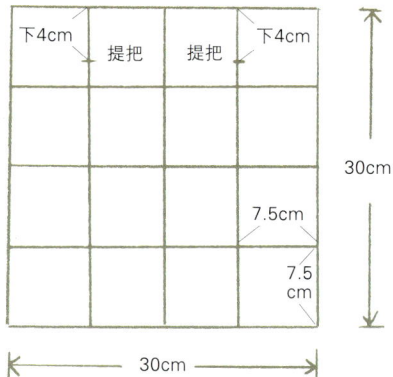

下4cm　提把　提把　下4cm

30cm

7.5cm

7.5cm

30cm

4 8 侧身

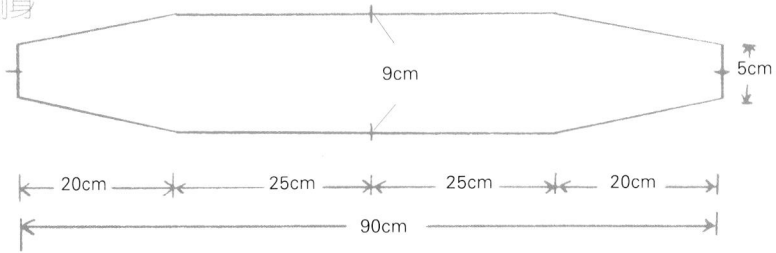

9cm

5cm

20cm　　25cm　　25cm　　20cm

90cm

6 7 内里

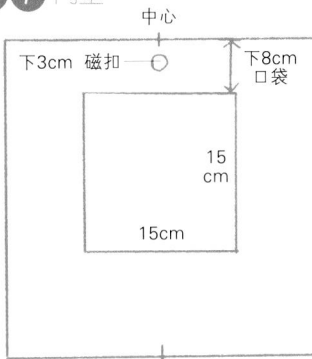

中心

下3cm 磁扣　　下8cm 口袋

15 cm

15cm

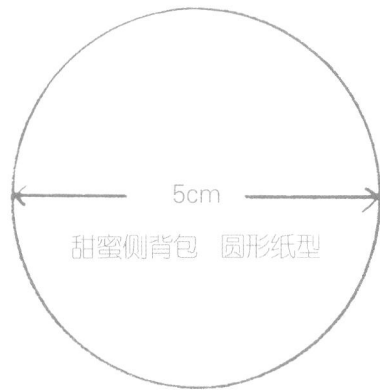

5cm

甜蜜侧背包　圆形纸型

7.5cm

7.5cm

甜蜜侧背包　单片纸型

<Note>p18的作品

中国风提袋

材料

袋身材料
花表布袋身　27cm × 35cm
素表布袋身　33cm × 35cm
内里　50cm
铺棉、胚布　各40cm × 65cm
提把材料
花表布袋身　3.5cm × 32cm
素表布袋身　5cm × 32cm
铺棉、胚布　各2.75cm × 32cm

袋身背面图

制作顺序

1 花表布+素表布接成一长条，三合一压线(铺棉实际尺寸)，车缝左右两边，再车袋底，袋底打底左右各4cm。

2 裁一内里，将口袋设计好(缝份往内缩0.7cm)，车缝左右两边(留一返口)，再车袋底，袋底打底左右各4cm。

3 1放入2，中表相对，放上提把，袋口处车缝一圈，由内里返口处翻回正面，返口处对针缝合，在袋口处压一道0.5cm的装饰线，即完成。

1 表布袋身组合

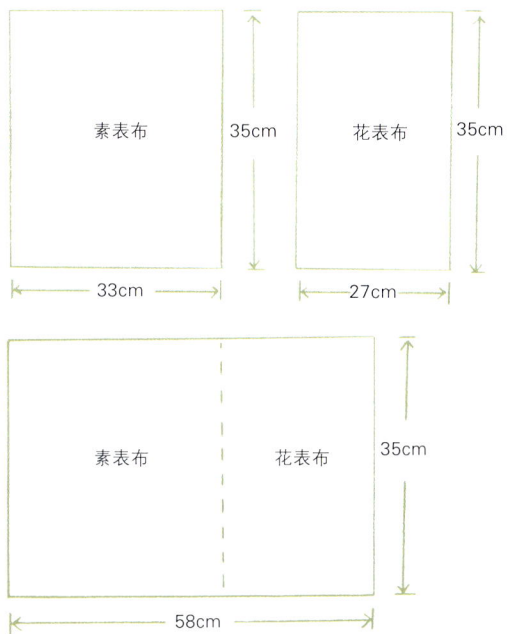

素表布　35cm

花表布　35cm

33cm　27cm

素表布　花表布　35cm

58cm

2 袋底打底

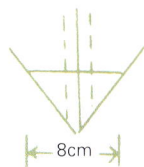

8cm

3 提把做法

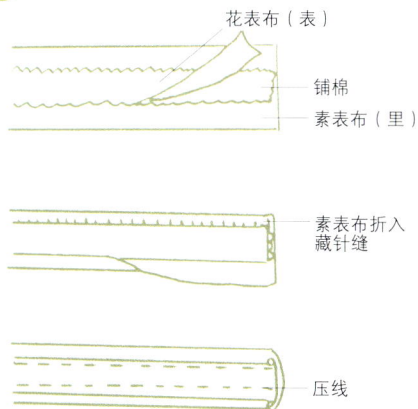

花表布（表）

铺棉

素表布（里）

素表布折入
藏针缝

压线

3 包袋组合

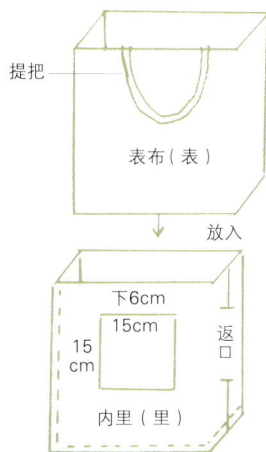

提把

表布（表）

放入

下6cm

15cm

15
cm

返
口

内里（里）

3 包袋完成图

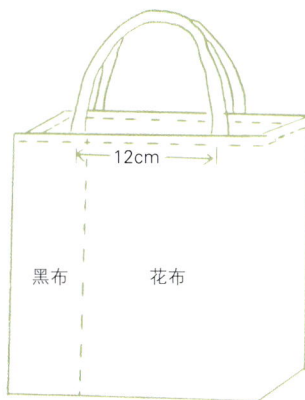

12cm

黑布　花布

47

<Note>p19的作品　<Note>实物大纸型B面

牵牛花提袋

材料

前后片袋身　各23cm × 32cm
侧身棉布　4cm × 55cm 9色
内里　50cm
滚边　4cm × 70cm 1条
提把口布　5.5cm × 13cm 8片
木扣　4颗
拉链　15cm 1条
铺棉、胚布　各35cm × 75cm
木质提把　1组

侧身袋物

制作顺序

1 前片表布绣好图形，将布用蜡笔涂好颜色，三合一压线(铺棉实际尺寸)，完成整个前片表布，绣上十字绣。
2 后片表布绣好图形，将布用蜡笔涂好颜色，三合一压线(铺棉实际尺寸)，完成整个后片表布，绣上十字绣。
3 拼接侧身一排28片，共四排，组合成一长条，三合一压线(铺棉实际尺寸)，完成整个侧身表布。
4 将1+3+2 组合成一个筒状。
5 裁一片前片内里(口袋设计好)，缝份往内缩0.7cm。
6 裁一片后片内里(口袋设计好)，缝份往内缩0.7cm。
7 裁一片侧身内里，缝份往内缩0.7cm。
8 将5+7+6 组合成一个筒状。
9 将8放入4，上面滚边(内里袋口处，缝上磁扣)。
10 放上提把，缝上提把口布，再缝上木扣。
※袋身图形可依个人喜好，随意画出牵牛花图样。

❸❼ 侧身

2.5 cm

10 cm

70cm

①② 前、后片表布袋身

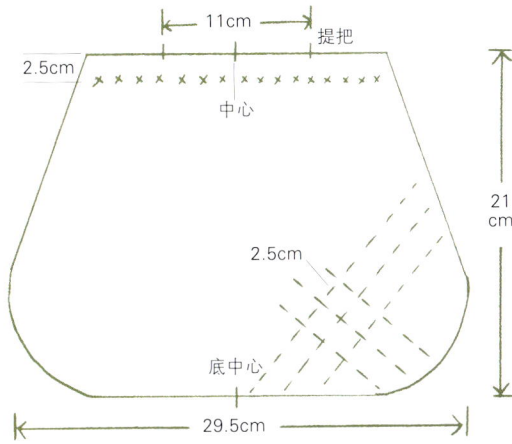

- 11cm
- 提把
- 2.5cm
- 中心
- 21cm
- 2.5cm
- 底中心
- 29.5cm

⑤⑥ 内里

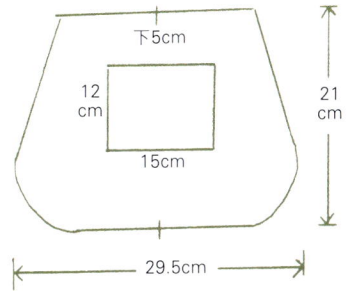

- 下5cm
- 12cm
- 15cm
- 21cm
- 29.5cm

⑨ 袋身组合

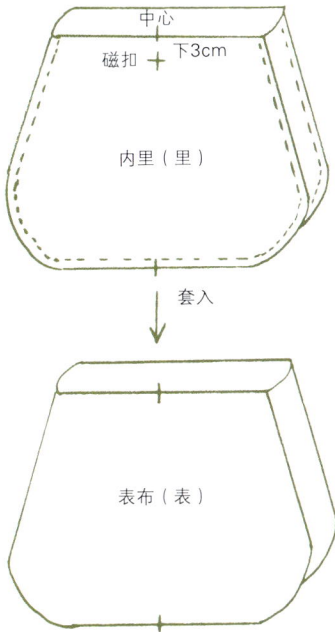

- 中心
- 磁扣 下3cm
- 内里（里）
- 套入
- 表布（表）

⑩ 提把口布

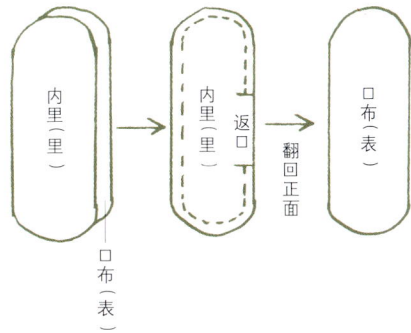

- 内里（里）
- 口布（表）
- 内里（里）
- 返口
- 翻回正面
- 口布（表）

<Note>p12的作品

巧巧小提袋

材料
素袋身表布　27cm × 57cm　1片
素侧身表布　19cm × 21cm　2片
花侧身口袋　26cm × 19cm　2片
内里　35cm
松紧带　13cm　4条
装饰布　3.5cm × 17cm　2条
手把布　7.5cm × 32cm　2条
铺棉、胚布　各50cm × 75cm
吊饰　2个

制作顺序

1 完成素袋身表布27cm × 57cm，一长条三合一压线(上下5cm处不需铺棉)，固定好松紧带。
2 完成素侧身表布2片，三合一压线。
3 完成花侧身口袋2片，三合一压线。
4 2+3疏缝固定成侧身表布。
5 1+4组合成一个筒状。
6 分别裁一片袋身内里、侧身内里、侧身口袋内里，缝份往内缩0.7cm。
7 侧身内里+侧身口袋内里，疏缝固定，完成整个侧身内里。
8 袋身内里+7组合成一个筒状(记得留个返口)。
9 5+8中表相对，固定好手提把(侧身两旁入3cm处)，再固定好装饰布(前、后片中心各一条)，车缝袋口，从返口处翻回正面，返口处对针缝合，在袋口处压一道0.5cm装饰线。
10 在松紧带处将表布和内里车缝2道装饰线。
11 装饰布尾巴装上吊饰，即完成。

侧身图

---

1 素表布袋身

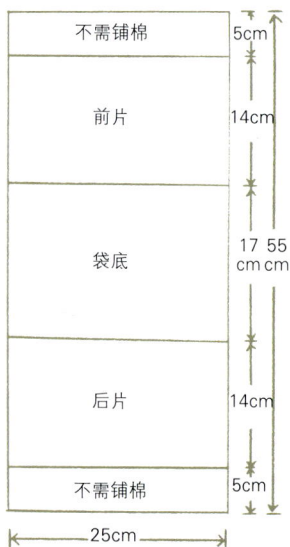

不需铺棉	5cm
前片	14cm
袋底	17cm 55cm
后片	14cm
不需铺棉	5cm

25cm

2 侧身

素侧身表布　7cm

花侧身口袋　12cm

19cm

17cm

11 手把

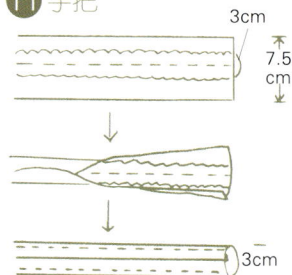

3cm

7.5cm

3cm

5 ~ 12 袋物组合

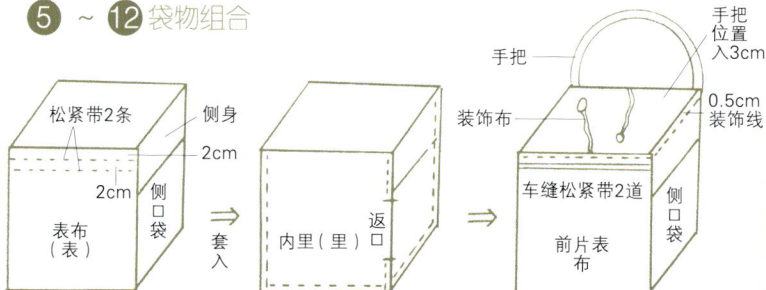

松紧带2条　侧身

2cm

2cm　侧口袋

表布(表)

套入

内里(里)　返口

⇒

手把　手把位置入3cm

装饰布

0.5cm装饰线

车缝松紧带2道

前片表布

侧口袋

50

实用铅笔盒

材料

花表布　4cm × 50cm　1片
素表布　4cm × 50cm　1片
A表布　7cm × 24cm　2片
滚边　4cm × 82cm　1片
铺棉、胚布　各25cm × 25cm
内里　25cm × 25cm
拉链　25cm　1条

制作顺序

1　组合袋身中间部分，拼接一排9片共4排。
2　组合(上A+1+下A) 三合一压线，滚边，缝上拉链，拉链下方的滚边处用卷针缝缝合。
3　袋底打底左右各2cm。

① 表布袋身配置图

上A
下A
2.5cm
20cm
22.5cm

② 拉链缝法

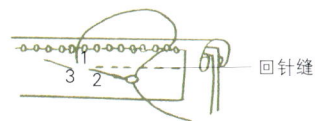

3　2　回针缝

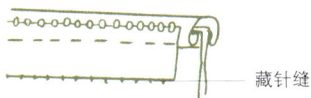

藏针缝

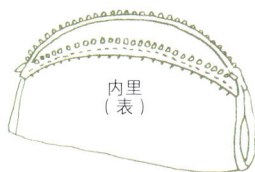

内里
（表）

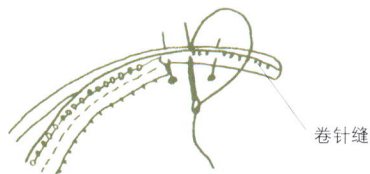

卷针缝

③ 袋底打底

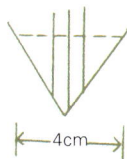

4cm

小木屋流行提袋

材料

小木屋棉布 ● 11色各15cm
A袋身 ● 15cm × 30cm 2片
滚边 ● 4cm × 30cm 4片
内里 ● 70cm
扣子吊耳 ● 4cm × 18cm 1片
拉链 ● 18cm 1条(内口袋)
　　　 25cm 2条(袋身用)
铺棉、胚布 ● 各35cm × 70cm
提把 ● 1组
象牙扣 ● 1个

制作顺序

1　拼接15片小木屋，一排5片，排成3排，完成前片B，三合一压线，加一片内里滚边。
2　拼接15片小木屋，一排5片，排成3排，完成后片B，三合一压线，加一片内里滚边。
3　裁一前片A表布，三合一压线，加一片内里滚边。
4　裁一后片A表布，三合一压线，加一片内里滚边。
5　1+3缝上拉链。
6　2+4缝上拉链。
7　裁2片5的内里(口袋设计好)，中表相对，车缝左右(留一返口)，再车袋底，袋底左右打底3.5cm。
8　5+6中表相对，车缝左右，再车袋底，袋底左右打底3.5cm。
9　将8放入7，车缝袋口处，从内里返口处翻回正面，返口处对针缝合，在袋口下0.5cm处压一道装饰线。
10　缝上提把，缝上扣子吊耳和象牙扣，即完成。

❼❽ 袋底打底

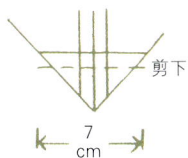

剪下

7 cm

❶❷ 前、后片表布袋身

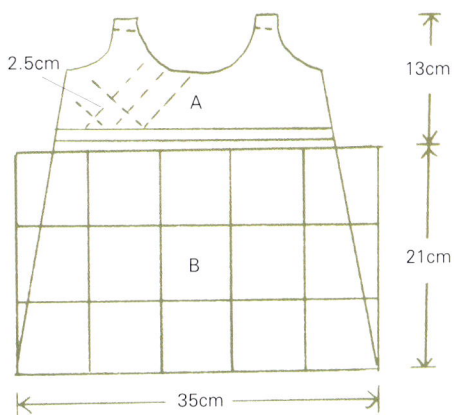

2.5cm

A

B

13cm

21cm

35cm

❼ ~ ❾ 包袋组合

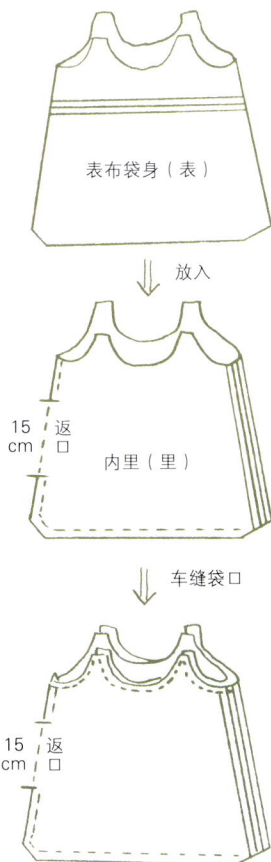

表布袋身（表）

放入

15 cm — 返口

内里（里）

车缝袋口

15 cm — 返口

翻回正面 ⇒

❼ 内口袋

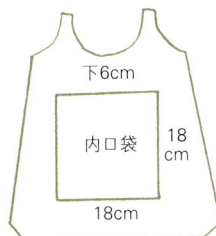

下6cm

内口袋

18 cm

18cm

❿ 包袋完成图

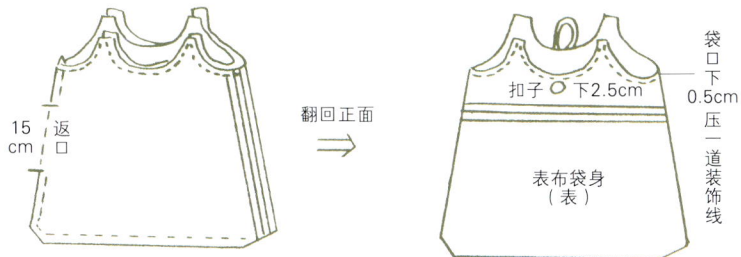

扣子 下2.5cm

表布袋身（表）

袋口下0.5cm压一道装饰线

菱形轻便袋

材料

A前后片袋身表布 26cm × 26cm 2片
B前后片口袋 7.5cm × 7.5cm 32片
C前后片口袋 5cm × 26cm 2片
上侧身表布 9cm × 38cm 1片
下侧身表布 9cm × 52cm 1片
内里 70cm
包绳布 2.5cm × 90cm 2片
包绳 90cm 2条
拉链吊耳 4.5cm × 5cm 2片
铺棉、胚布 各35cm × 90cm
绣线、段染刺子线 各适量
提把 1组
拉链 23cm 2条 (前后片口袋拉链)
36cm 1条 (上侧身)
滚边 4cm × 38cm 2片 (上侧身)
4cm × 26cm 2片 (前后片口袋)

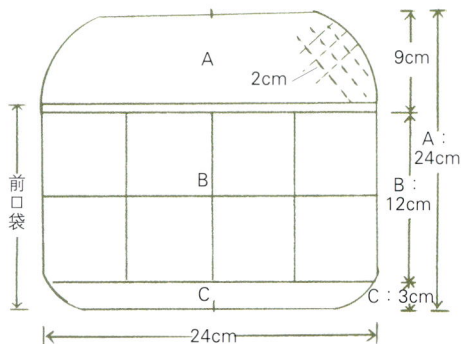

1 前片表布袋身

A
2cm
9cm
A：24cm
B
B：12cm
前口袋
C
C：3cm
24cm

制作顺序

1　完成A前片袋身，三合一压线(铺棉实际尺寸)加1片内里(口袋设计好)。
2　完成前口袋B部分的拼接，加前口袋C，三合一压线(铺棉实际尺寸)，绣上千鸟缝和轮廓绣、小草绣，加1片前口袋内里，缝滚边。
3　1+2缝上拉链，四周用包绳布(内穿棉绳)疏缝固定。
4　完成A后片袋身，三合一压线(铺棉实际尺寸)加1片内里(口袋设计好)。
5　完成后口袋B部分的拼接，加后口袋C，三合一压线(铺棉实际尺寸)，绣上千鸟缝和轮廓绣、小草绣，加1片后口袋内里，缝滚边。
6　4+5缝上拉链，四周用包绳布(内穿棉绳)疏缝固定。
7　上侧身三合一压线(铺棉实际尺寸)加1片内里，缝滚边，缝拉链，完成上侧身。
8　下侧身三合一压线(铺棉实际尺寸)。
9　7+8组合(放入拉链吊耳)，再缝下侧身内里，完成整个侧身。
10　3+9+6组合完成整个袋子，所有缝份用内里布包边处理，固定提把，即完成。

❶❹ 内里

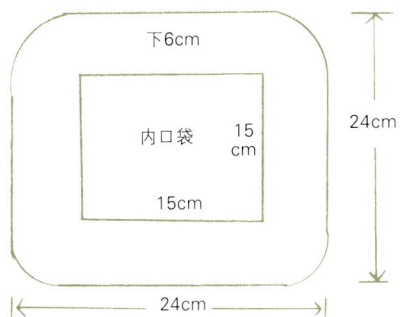

下6cm

内口袋 15 cm

15cm

24cm

24cm

❼ 上侧身

7cm

36cm

❸❻ 包绳布

棉绳

斜布

❽ 下侧身

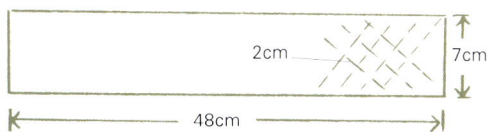

2cm

7cm

48cm

❾ 侧身组合

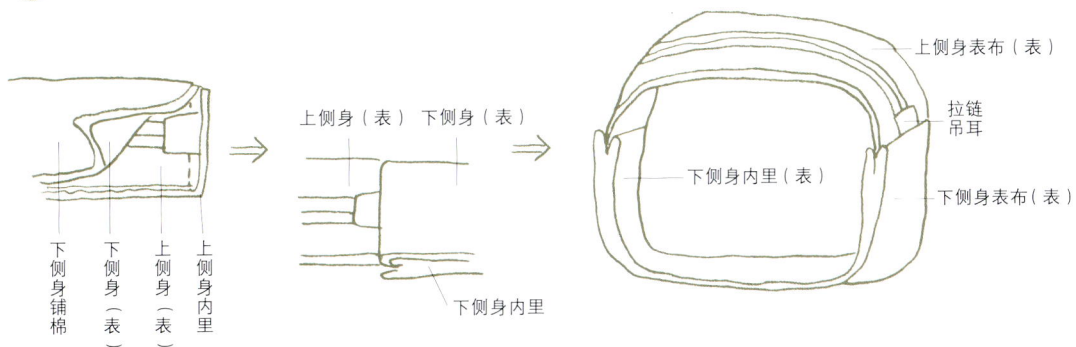

下侧身铺棉　下侧身（表）　上侧身（表）　上侧身内里

上侧身（表）　下侧身（表）

下侧身内里

上侧身表布（表）

拉链吊耳

下侧身内里（表）

下侧身表布（表）

秋之恋手提袋

材料

棉布◎适量
素先染布◎35cm
滚边◎4cm × 25cm 2片
内里◎35cm
铺棉、胚布◎各25cm × 100cm
拉链◎20cm 1条
绢线◎适量
珠子◎适量
提把吊耳◎4cm × 10cm 4片
提把◎1组

袋身正面图

制作顺序

1　拼接左A，一排21片共3排，组合好。
2　裁B。
3　拼接右A，一排21片共3排，组合好。
4　左A+B+右A组合好，三合一压线(铺棉实际尺寸)，加一片内里(口袋设计好)，中表相对，翻回正面，上下两端滚边，滚边两旁收尾，缝上拉链。
5　完成侧身，海星图形2片，三合一压线。
6　将5+4+5，对针缝合，缝上千鸟缝、珠子。
7　缝上提把，即完成。

侧身图

④ 表布袋身

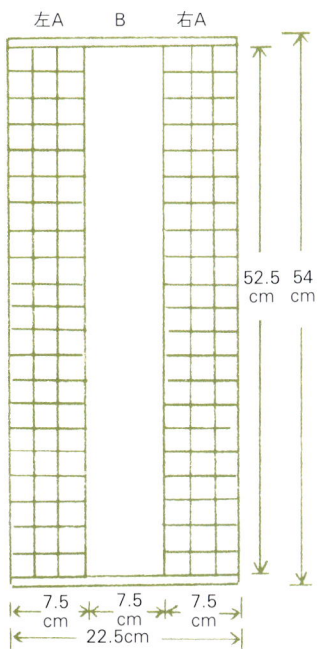

左A   B   右A

52.5 54
cm   cm

7.5 cm   7.5 cm   7.5 cm
22.5cm

④ 内里

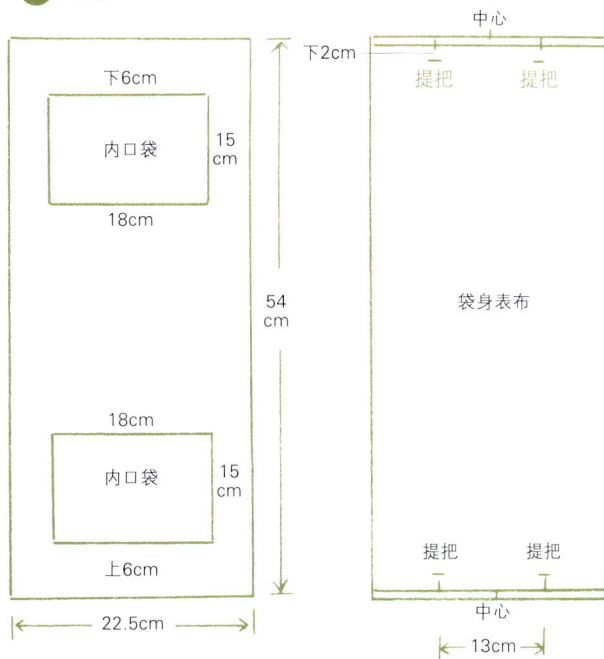

下6cm

内口袋   15 cm

18cm

54 cm

18cm

内口袋   15 cm

上6cm

22.5cm

中心

下2cm

提把   提把

袋身表布

提把   提把

中心

13cm

⑤ 侧身

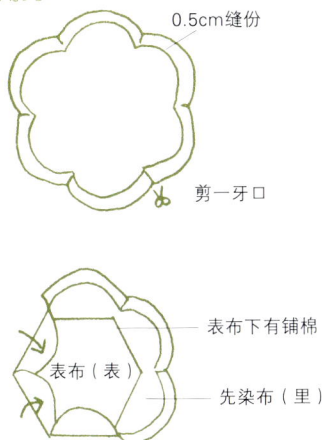

0.5cm缝份

剪一牙口

表布下有铺棉

表布（表）

先染布（里）

⑦ 袋身完成图

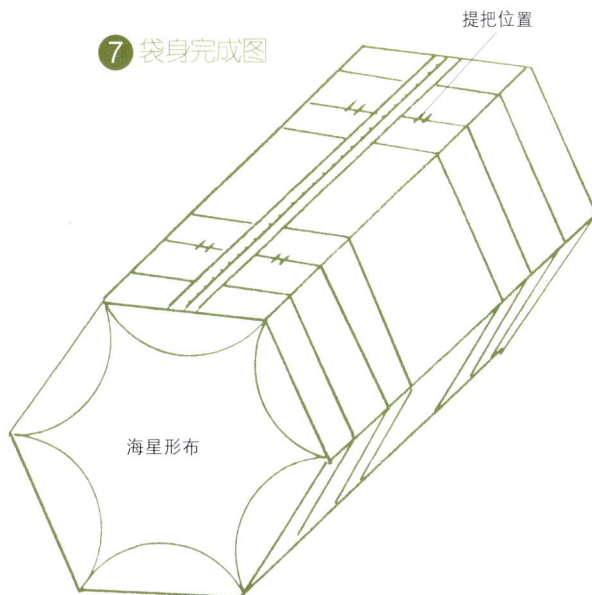

提把位置

海星形布

<Note>p24的作品

秋之恋手机袋

1 表布袋身配置图

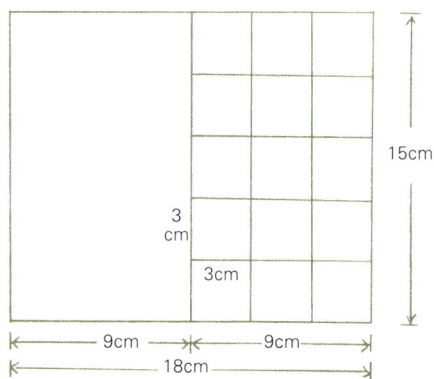

15cm

3 cm

3cm

9cm | 9cm

18cm

4 袋盖

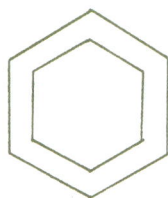

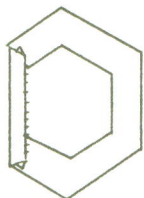

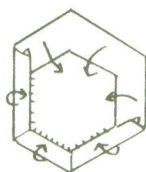

5 手机袋完成图

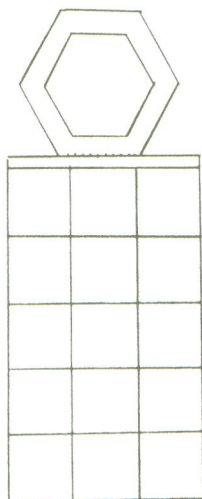

材料

棉布●适量
素先染布●15cm × 40cm 1片
滚边●4cm × 20cm 1片
内里●20cm × 20cm 1片
铺棉、胚布●各20cm × 20cm 1片
磁扣●1颗
金属拉链●35cm 1条

制作顺序

1 拼接后袋身5片 × 3排 =15片，加前袋身成一长条，三合一压线，车缝左右，再车袋底。
2 裁1的内里，车缝左右，再车袋底。
3 将2放入1，上面滚边。
4 完成袋盖六角形的折布，绣上千鸟缝，缝上珠子。
5 取4缝在后袋身滚边处。
6 缝上金属链，缝上磁扣。

铺棉
棉布（表）

素先染布
（里）

缝份

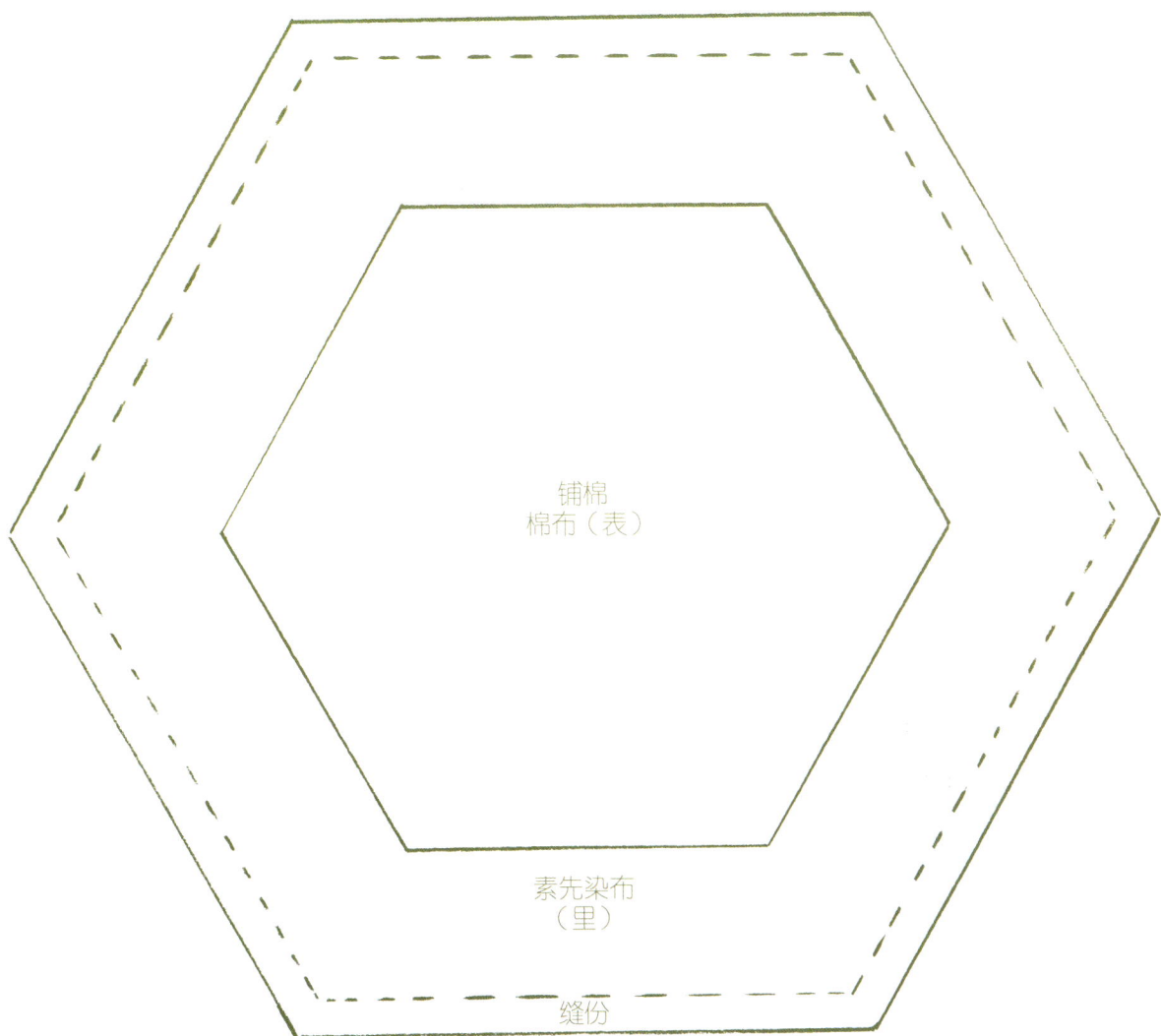

秋之恋手机袋　袋盖纸型

荷兰风提袋

材料

棉布 15cm 各15色
包绳布 2.5cm × 105cm 2片 (前后片)
　　　 2.5cm × 28cm 2片 (前片中心)
包绳 105cm 2片 (前后片)
　　 28cm 2片 (前片中心)
扣子 13颗
滚边 4cm × 100cm 1片
钩环吊耳 4cm × 8cm 1片
钩环 1个
内里 70cm
铺棉、胚布 各50cm × 70cm
拉链 15cm 2条
竹提把 1组

袋身背面图

制作顺序

1　前A1风车1排4片 × 7排 = 28片。
2　前B小木屋6片。
3　前A2风车1排4片 × 7排 = 28片。
4　1+2+3 放入包绳(内穿棉绳)，组合成一长条，三合一压线(铺棉实际尺寸)，取包绳布(内穿棉绳)疏缝固定在记号线上，前片A1、A2固定提把装饰布2片。
5　裁一片后C。
6　完成后D小木屋4片。
7　完成后E，1排12片 × 3排 = 36片。
8　5+6+7组合，取包绳布(内穿棉绳)疏缝固定在记号线上，后片C加上提把吊耳G2片和装饰布F9片。
9　完成侧身，三合一压线，疏缝固定钩环吊耳。
10　4+9+8组合成一个筒状。
11　裁一前片内里，口袋设计好。
12　裁一后片内里，口袋设计好。
13　裁一侧身内里。
14　11+13+12组合成一个筒状。
15　将14放入10，滚边，缝上提把，缝上扣子，即完成。

①～**④** 前片表布袋身配置图

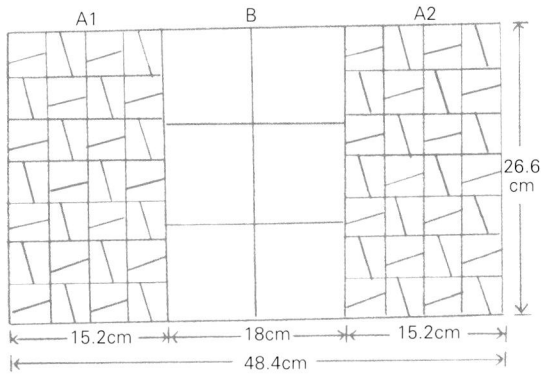

A1　　　B　　　A2

15.2cm　　18cm　　15.2cm

48.4cm

26.6 cm

⑤～**⑧** 后片表布袋身配置图

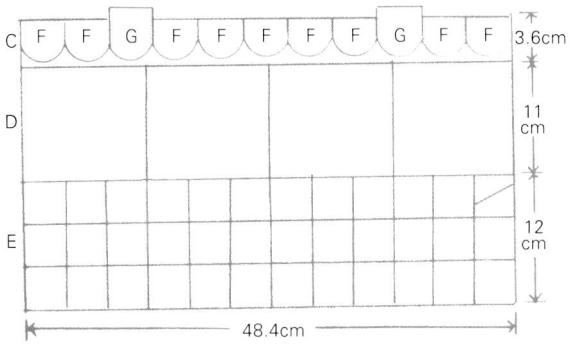

C　F F G F F F F F F G F F

D

E

3.6cm

11 cm

12 cm

48.4cm

⑨ 侧身

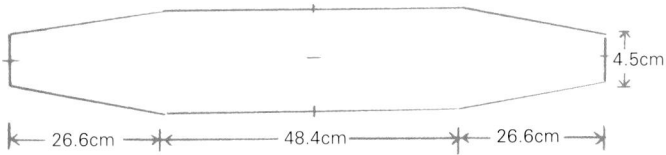

26.6cm　　48.4cm　　26.6cm

4.5cm

⑪ 前片内里

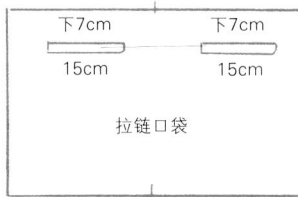

下7cm　　下7cm

15cm　　15cm

拉链口袋

⑫ 后片内里

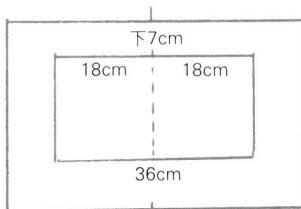

下7cm

18cm　　18cm

36cm

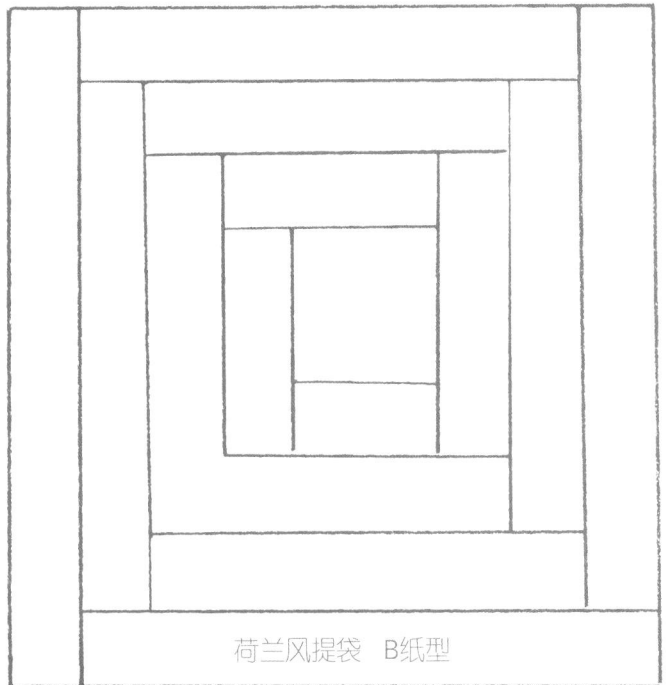

荷兰风提袋　B纸型

61

荷兰风提袋
装饰布F纸型

荷兰风提袋
提把吊耳G纸型

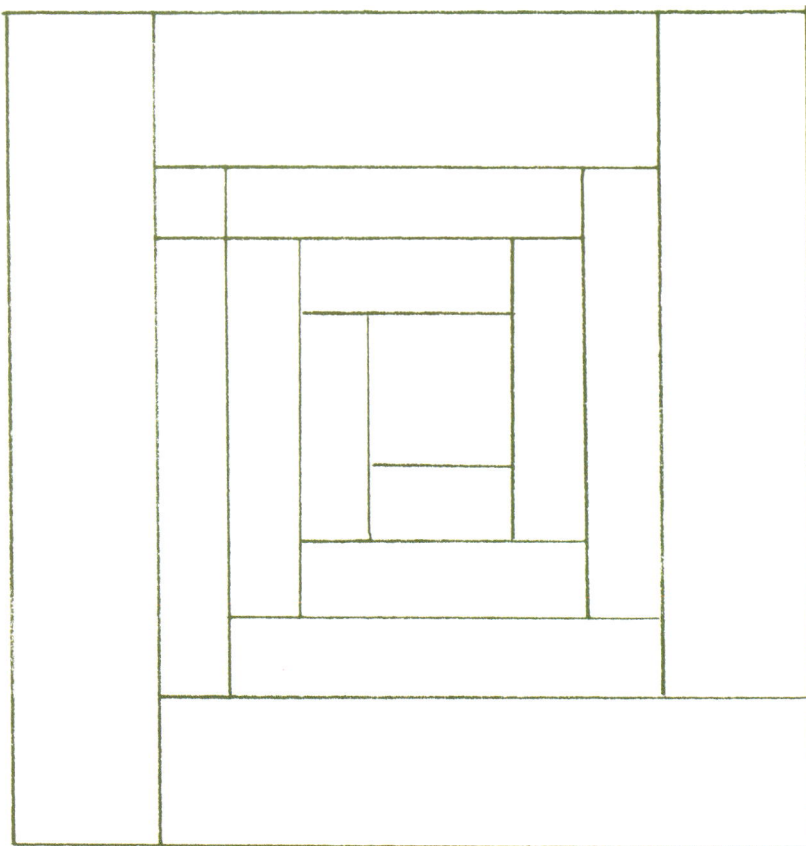

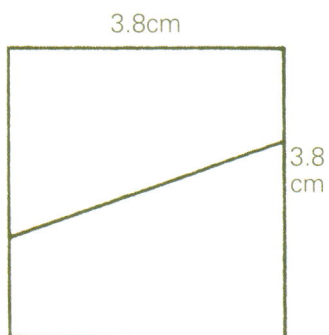

荷兰风提袋　D纸型

3.8cm

3.8
cm

4cm

4
cm

荷兰风提袋
A1、A2单片纸型

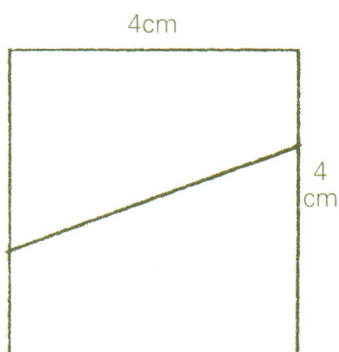

荷兰风提袋　E纸型

荷兰风钱夹

<Note>p25的作品

材料
棉布　适量
滚边　4cm × 100cm　1片
磁扣耳布　6cm × 14cm　2片
内里　35cm
拉链　15cm　1条
扣子　1颗

制作顺序

1. 拼接表布1排6片 × 5排 = 30片，三合一压线。
2. 裁一内里，设计好夹层、拉链式口袋。
3. 1+2，滚边。
4. 完成磁扣耳布，缝在记号线上，缝上磁扣，缝上木扣，即完成。

① 表布配置图

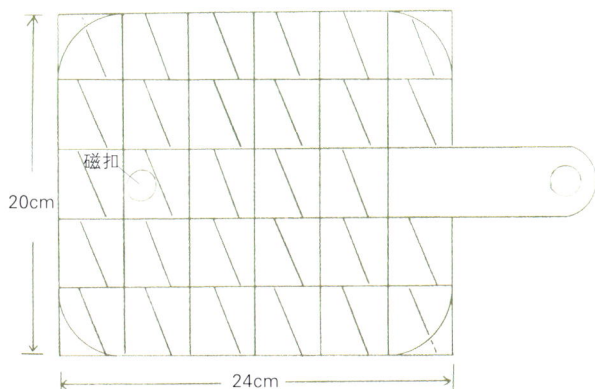

磁扣

20cm

24cm

② 内里

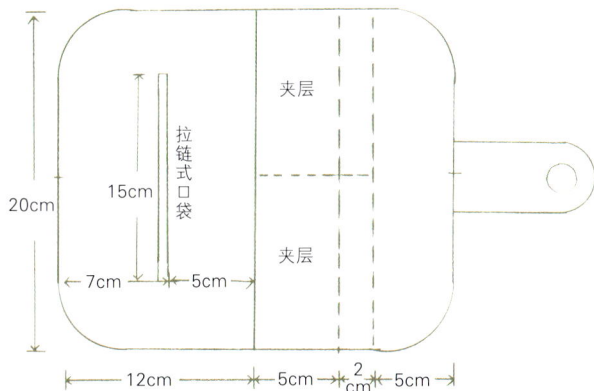

夹层

拉链式口袋

夹层

20cm

15cm

7cm

5cm

12cm

5cm

2cm

5cm

荷兰风皮夹　单片纸型

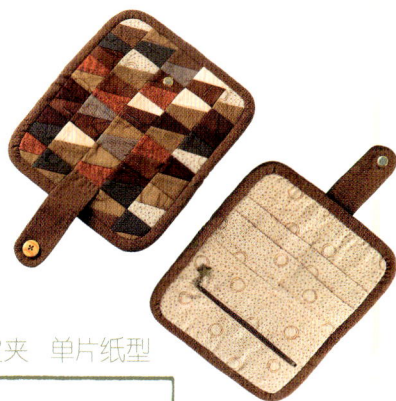

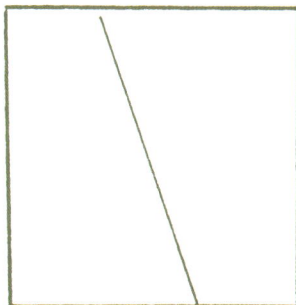

图书在版编目（CIP）数据

第一次学做拼布包袋/周秀惠著． —沈阳：辽宁科学技术
出版社，2008.4
　　ISBN 978-7-5381-5436-8

　　Ⅰ.第… Ⅱ.周… Ⅲ.布料-手工艺品-制作 Ⅳ.TS973.5

中国版本图书馆CIP数据核字（2008）第035832号

出版发行：辽宁科学技术出版社
　　　　　　（地址：沈阳市和平区十一纬路29号　邮编：110003）
印　刷　者：沈阳市佳麟彩印厂
经　销　者：各地新华书店
幅面尺寸：185mm×235mm
印　　张：4
插　　页：1
字　　数：50千字
印　　数：1～6000
出版时间：2008年4月第1版
印刷时间：2008年4月第1次印刷
责任编辑：风之舞
封面设计：辛晓习
版式设计：袁　舒
责任校对：刘　庶

书　　号：ISBN 978-7-5381-5436-8
定　　价：24.00元

联系电话：024-23284367
邮购热线：024-23284502
E-mail:dy_sto@mail.lnpgc.com.cn
http://www.lnkj.com.cn